Subir Ranjan Kundu

PEÓNIA: Uma viagem metafórica no tempo

Subir Ranjan Kundu

PEÓNIA: Uma viagem metafórica no tempo

ScienciaScripts

Imprint
Any brand names and product names mentioned in this book are subject to trademark, brand or patent protection and are trademarks or registered trademarks of their respective holders. The use of brand names, product names, common names, trade names, product descriptions etc. even without a particular marking in this work is in no way to be construed to mean that such names may be regarded as unrestricted in respect of trademark and brand protection legislation and could thus be used by anyone.

Cover image: www.ingimage.com

This book is a translation from the original published under ISBN 978-3-659-59223-2.

Publisher:
Sciencia Scripts
is a trademark of
Dodo Books Indian Ocean Ltd. and OmniScriptum S.R.L publishing group

120 High Road, East Finchley, London, N2 9ED, United Kingdom
Str. Armeneasca 28/1, office 1, Chisinau MD-2012, Republic of Moldova, Europe
Printed at: see last page
ISBN: 978-620-8-10353-8

ÍNDICE DE CONTEÚDOS

Capítulo 1 2

Capítulo 2 8

Capítulo 3 10

INTRODUÇÃO

Revisão taxonómica da família: Paeoniaceae

O género tipo *"Paenoia* L." foi atribuído à sua família unigenérica "Paeoniaceae" por Carl Linnaeus em 1753. Paeoniaceae, geralmente com ervas rizomatosas e arbustos ocasionais, é representada por um único género; *Paeonia* e cerca de 35 espécies estão distribuídas de forma disjunta no hemisfério norte; particularmente concentradas em cinco centros de diversidade: i. Ásia Oriental, ii. Ásia Central, iii. Himalaias ocidentais, iv. região mediterrânica e v. América do Norte do Pacífico ' (Stern, 1946; Tzanoudakis, 1983; Sang *et al.,* 1995) '.

Até 1850, a maior parte dos sistemas de classificação das plantas incidia principalmente sobre as plantas assexuadas (ou seja, criptógamas), antes de um eminente biólogo (Hofmeister, 1851) ter elucidado pela primeira vez o fenómeno da "alternância de gerações", que ajuda a compreender a relação entre as plantas sem flor e as plantas com flor, o que abre caminho ao sistema natural de classificação. Baseado no sistema natural de classificação do reino vegetal: "Theorie elemantarie de la botanique", Bentham e Hooker (1862-1883) publicaram o seu trabalho monumental em "Genera Plantarum"; no seu sistema de classificação das plantas, colocaram o género *"Paeonia"* na ordem Ranunculaceae", sob a coorte "Ranales". Mais tarde, Engler e Prantl (1887-1915), na sua obra monográfica "Die Naturalichen Pflanzen Familien", as famílias de angiospérmicas foram organizadas em ordem ascendente, de acordo com a complexidade crescente da flor; substituíram a "ordem natural" e a "série" de Bentham e Hooker (1862-1883) por "família" e "ordem", respetivamente, e consideraram o género "*Paeonia*" na família "Ranunculaceae", pertencente à subordem "Ranunculineae", na ordem "Ranales". Com base no hábito, DeCandolle (1813) na sua obra pioneira sobre o sistema de classificação das plantas: "Theorie elemantarie de la botanique", classificou *Paeonia,* em termos gerais, em (a). Grupo lenhoso, viz. *"Moutan"*, encontrado na Ásia Oriental e (b) grupo herbáceo, viz. *Paeon(ia)*, distribuído na região mediterrânica, Ásia Central e África; até à data, nenhuma peónia foi registada na América do Norte Pacífica. Mais tarde, dois taxa herbáceos endémicos: *Paeonia brownii* var. *brownii* e *P. brownii* var. *californica* foram relatados por Lynch(1890), o que o inspirou a empreender uma revisão sistemática de Paeoniaceae, que foi dividida em 3 subgéneros: a. subgénero: *""Moutan"*, representado pelo membro arbóreo solitário *Paeonia moutan* Sims.; b. subgénero: " *Onaepia",* representado pela herbácea *P. brownii* com duas variedades e c. subgénero: *"Paeonia"*, representado por cerca de 23 espécies herbáceas de peónias, distribuídas na Europa, Ásia e Noroeste de África. Desviando-se do caminho tradicional de revisão sistemática, Huth(1892), categorizou amplamente Paeoniaceae em duas secções: A. "Palaearcticae", representada pelos taxa distribuídos na Ásia, Europa e África Ocidental (Peónias do Velho Mundo) e B. "Nearcticae", representada pelos taxa distribuídos na América do Norte Ocidental (Peónias do Novo Mundo); a secção: Palaearcticae foi ainda dividida em duas subsecções: a. subsecção: "Herbaceae" que representa as peónias herbáceas e b. subsecção: "Fruticosae" que representa as peónias arbóreas. Com base no número de óvulos e na natureza do fruto, McLean e Cook (1951) dividiram a família Ranunculaceae em três subfamílias, a.subfam: Hellaboroideae (numerosos óvulos, fruto folículo, baga ou cápsula) com géneros: *Helleborus, Nigella, Actaea, Delphinium, Aconitum, Caltha*, etc.; b. subfam: Paeonioideae (óvulos pouco numerosos, frutos foliculares) com géneros: Paeonia e c. subfam: Anemonideae (óvulo único, fruto aquênio) com os géneros: *Anemone, Clematis, Ranunculus, Thalictrum, Adonis* etc. Hutchinson (1926), propôs aspectos filogenéticos do sistema de classificação das plantas em "The families of flowering plants" vol.1 (Dicotyledons), onde tratou de subfamílias: Hellaboroideae e Paeonioideae como famílias: Helleboraceae e Paeoniaceae, respetivamente; considerou a subfamília Anemonoideae como família Ranunculaceae e colocou as três famílias na ordem Ranales. Dando mais um passo em frente, Stebbins (1939) seguiu o formato de classificação das peónias, feito anteriormente por Lynch (1890) e incluiu mais duas espécies de árvores : *P. suffruticosa* e *P. delavayi* no subgénero: *"Moutan"*. Baseado numa extensa revisão de trabalhos anteriores, desde Theophrastus (370BC) até Stern (1946). Stebbins (1939) publicou o seu trabalho monumental sobre a classificação taxonómica de Paeoniaceae; onde ele classificou todos os taxa em três secções: A. Secção *Moutan* com seis arbustos diplóides, de distribuição restrita à China Central e Ocidental, caracterizados por discos estaminodiais proeminentes e pétalas grandes e espalhadas e esta secção foi ainda dividida em duas subsecções: a. *Delavayanae* e b. *Vaginatae*; B. Secção *Oneapia* com duas ervas perenes diplóides, endémicas da América do Norte Pacífica, caracterizadas por discos estaminodiais proeminentes e pequenas pétalas côncavas carnudas; e C. Secção: *Paeonia*, com vinte e oito espécies, das quais dois terços são diplóides e um terço é constituído por ervas tetraplóides, com distribuição disjuntiva na Ásia Oriental, Ásia Central, Himalaia Ocidental e região mediterrânica, caracterizadas pela presença ou ausência de discos estaminodiais rudimentares e pela presença de pétalas grandes, quer em forma de taça quer em forma de expansão, tendo esta secção sido ainda dividida em duas subsecções: a. *foliolatae* e b. *paeonia* ' (Stern,1946; Tzanoudakis,1983; Donoghue e Zhang, 1997; Hong, 2010, 2011) '. Cronquist (1981) in his "An integrated system of classification of flowering plants", broadly classified angiosperms into two categories: a. Magnoliopsida (Dicots) having ca. 321 families under ca. 64 ordens e b. Liliopsida com ca. 65 famílias em ca. 19 ordens. No seu sistema de classificação, Cronquist (1981) considerou a ordem Dilleniales como uma ponte entre a ordem primitiva Magnoliales e a ordem avançada Theales ; ele colocou a família Paeoniaceae, com a família Dilleniaceae sob a ordem Dilleniales , que foi subsequentemente colocada na subclasse Dilleniidae. Em "An ordinal classification of flowering plants", o Angiosperm Phylogeny Group, popularmente conhecido como APG-I[1] (1998) reconhece um número selecionado de grupos suprafamiliares monofiléticos, denominados "Clades", em

---

[1] APG -1(1998): Editores: Kare Bremor, Mark W. Chase e Peter F. Stevens. Contribuições de: Arne A. Anderbarg, Anders Bucklund, Birgitta Bremer, Barbara G. Briggs, Peter K. Endress, Michael F. Fay, Peter Goldblatt, Matts H.G. Gustaffson, Sara B. Hoot, Walter S. Judd, Mari Kallersjo, Elizabeth A. Kellog, Kathleen A. Kron, Donald H. Less, Cynthia M. Morton, Daniel L. Nickrent, Richard G. Olmstead, Robert A. Price, Christopher J. Quinn, James E. Rodman, Paula J. Rudall, Vincent Savolinen, Douglas E. Soltis, Kenneth J. Sytsma e Matts Thulin.

estudos filogenéticos de plantas com flores que são apoiados por pelo menos uma e frequentemente várias linhas de evidência. Com base na análise cladística da filogenia molecular, APG- I(1998) apoia ca. 462 famílias em 40 ordens no seu sistema de classificação de plantas com flores, onde a família: Paeoniaceae foi colocada sob a ordem: Saxifragales, superordem: Core Eudicots com outras 12 famílias e está próxima das famílias Crassulaceae, Saxifragaceae. Posteriormente, a APG-II[2] (2003) e a APG-III[3] (2009) reviram e actualizaram o sistema de classificação anterior publicado pela APG-I (1998), mas até agora não foi feita qualquer outra revisão da ordem Saxifragales nem da família: Paeoniaceae. Inicialmente, o género *Paeonia* L. (espécie-tipo *Paeonia officinalis* L.) foi colocado na família Ranunculaceae '(Bentham e Hooker, 1862-1883; Engler e Prantl, 1887-1915)'; mesmo a partir do desenvolvimento embriológico tem algum tipo de semelhança com as gimnospérmicas ' (Murgai, 1962)'; embora estudos sobre anatomia vascular '(Worsdell, 1908)', anatomia floral '(Eames, 1961)', tamanho e morfologia dos cromossomas ' (Gregory, 1941)' ajudem a separar a família Paeoniaceae de Ranunculaceae. A família Paeoniaceae foi colocada sob a ordem "Dilleniales" com a

---

[2] APG-II(2003): Editores: Birgitta Bremor, Kare Bremor, Mark W. Chase, James L. Reveal, Douglas E. Soltis, Pamela E. Soltis e Peter F. Stevens. Contribuições de: Arne A. Anderbarg, Michael F. Fay, Peter Goldblatt, Walter S. Judd, Mari Kallersjo, Jesper Karehed, Kathleen A. Kron, Johannes Lundberg, Daniel L. Nickrent, Richard G. Olmstead, Bengt Oxelman, J. Chris Pires, James E. Rodman, Paula J. Rudall, Vincent Savolinen, Kenneth J. Sytsma, Michelle van der Bank, Kenneth Wurdack, Jenny Q.-Y. Xiang, e Sue Zmarzty.

Moore, Richard G. Olmstead, Paula J. Rudall, Kenneth J. Sytsma, David C. Tank, Kenneth Wurdack, Jenny Q.-Y. Xiang, e Sue Zmarzty.

[3] APG-III(2009): Editores: Birgitta Bremor, Kare Bremor, Mark W. Chase, Michael F. Fay, James L. Reveal, Douglas E. Soltis, Pamela E. Soltis e Peter F. Stevens. Contribuições de: Arne A. Anderbarg, Michael J.

família Dilleniaceae sob "Dilleniidae" ' (Murgai, 1962) ', que foi colocada sob a ordem separada "Paeoniales" com outra família "Glaucidiaceae" (Takhtajan, 1969; Throne e Reveal, 2007) e indica uma ascendência "Ranunculaeana" das Peónias; mais tarde, a sua relação com Crassulaceae foi estabelecida com base nas sequências de ADN ribossómico rbcL e 18S (Chase *et al.*, 1993).

MATERIAIS e MÉTODOS

Para preparar uma lista de controlo preliminar de Paeoniaceae, distribuída em todo o mundo, foram consultadas obras florísticas disponíveis de diferentes partes do mundo, principalmente da Ásia Oriental, da região mediterrânica, da região do Cáucaso, da região do Norte de África e da América do Norte, começando pelo Index Kewensis. A revisão nomenclatural foi feita e actualizada de acordo com o "Código Internacional de Nomenclatura para algas, fungos e plantas", Código de Melbourne, ou seja, ICN-2011). A lista de taxa selvagens foi preparada a partir da literatura e a sua identidade foi confirmada pelos herbários, a saber ASSAM (Botanical Survey of India, Eastern Circle, Meghalaya), BSD (Botanical Survey of India, Northern Circle, Dehradun), BSI (Botanical Survey of India, Western Circle, Pune), BSIS (Industrial Section of Indian Museum, BSI, Kolkata), CAL (Central National Herbarium, BSI, Howrah), CDRI (Central Drug Research Institute, Lucknow), CIMAP (Central Institute of Medicinal and Aromatic Plants, Lucknow), DD (Forest Research Institute, Dehradun), FRC (Institute of Forest Genetics and Tree Breeding Herbarium, Coimbatore), LWG (National Botanical Research Institute, Lucknow), MH (Herbarium of BSI, As microfichas da coleção de C. Linnaeus de dois herbários europeus também foram estudadas, nomeadamente o Herbário de Londres (LINN) e o Herbário de Estocolmo (S). Para avaliar a ameaça, bem como o confinamento e a exploração antropogénica de representantes selvagens da peónia, foram realizados levantamentos de campo em parte dos Himalaias orientais, ocidentais, do noroeste e da América do Norte. Os dados necessários sobre Paeoniaceae foram acumulados a partir de : Smithsonian Museum of Natural History (parte do projeto "The Diversity of life": www.si-siris.blogspot.in (2016); o projeto colaborativo do Royal Botanic Garden, Kew, Harvard University Herbaria e Australian National Herbarium;), IPNI (1912); GRIN [Germplasm Resource Information Network; parte do programa NGRP do USDA-ARS dos EUA: www.ars-grin.gov/cgi-bin/npgs/html/index.pl] (2011); The Plant List [Projeto de colaboração entre o Royal Botanic Garden, Kew e o Missouri Botanic Garden: www.theplantlist.org] (2013); ePIC [Centro eletrónico de informação sobre plantas do Royal Botanic Gardens, Kew: epic.kew.org] (2002); TROPICOS (base de dados nomenclatural e de espécimes do Missouri Botanical Garden: www.tropicos.org (2016); SPECIES 2000 [projeto colaborativo do ITIS; GBIF e EoL que forma uma base de dados composta útil para utilizadores, taxonomistas e agências patrocinadoras: www.sp2000.org] (2016); BHL [Encyclpedia of life patrocinada pela Biodiversity Heritage Library: www.eol.org] (2016); GBIF [Global Biodiversity Information Facility: www.gbif.org (2007); IUCN [Red List of Threatened Species International Union for Conservation of Nature, Gland, Suíça: www.iucnredlist.org (2014) e WCMC (World Conservation Monitoring Centre), Cambridge, Reino Unido.

RESULTADOS e DISCUSSÃO

" As "peónias" são ervas heliófilas, perenes e rizomatosas, bem como arbustos, que produzem flores grandes e duradouras no inverno em regiões subtropicais (cultivadas há mais de 1 000 anos pelo seu potencial hortícola e etnomedicinal) e na primavera em regiões temperadas (Gambrill, 1988). De acordo com a mitologia grega, o nome genérico *"Paeonia "* da família Paeoniaceae foi atribuído ao nome de "PAEON", o médico dos deuses gregos, que utilizou a planta como medicamento pela primeira vez ' (Spencer, 1997)'. Embora a República Popular da China não tenha declarado oficialmente a peónia como a sua flor nacional, historicamente foi uma flor muito importante durante mais de 1500 anos; foi a dinastia Tang (618- 907AD) na China que considerou as peónias como o "Rei das flores", mais tarde a dinastia Qing (1644-1912) também a considerou como a "Flor Nacional" (Zhou *et al.*, 2014). Com base no seu hábito, a peónia é uma erva perene (0,5 -1,5 m de altura) ou um arbusto (4,5 a 9,5 m de altura) com porta-enxertos tuberosos subterrâneos. A sua pequena coroa de folhas brilhantes está disposta alternadamente nos ramos, com 2-3 ou vários lóbulos. O desejo hortícola de diferentes espécies/cultivares de *Paeonia* é perfeitamente suportado por uma vasta gama de cores nas suas pétalas: preto, creme, carmesim, rosa, púrpura, escarlate, branco e amarelo, dispostas de forma semi-simétrica na grande flor terminal, única. As "Peónias" coloridas florescem durante março-maio e estão confinadas a uma zona de altitude elevada, isto é, 1500-3000m. A floração sob propagação depende da época de plantação; se for plantada cedo, a meio da estação (agosto-setembro), começa a florir no final de fevereiro.

Distribuição global de Paeoniaceae: referência especial ao fitoendemismo

Os estudos actuais revelam que existem ca. 50 taxa (compreendendo cerca de 33 espécies e cerca de 17 subespécies) pertencentes à família Paeoniaceae distribuídos em todo o mundo. A lista de verificação da distribuição global da Peónia ' (Anderson, 1818; Lynch, 1890; Cullen e Heywood, 1964; Nasir, 1978; Hara, 1979; Grierson, 1984; Rau, 1993; Hong, 2010, 2011; He *et al.*, 2014)' foi apresentada no Quadro1.

Quadro 1: Lista de controlo de cinquenta taxa pertencentes à família Paeoniaceae com distribuição mundial.

Habit	Name of the taxa	Distribution
Herb	*Paeonia algeriensis* Chabert. Bull. Soc. Bot. France 36: 18. 1889.	Algeria.
Herb	*P. arietina* Andr. Trans. Linn. Soc. Lond. 12(1): 275.1818.	Albania, Bosnia and Herzegovina, Croatia, Italy, Romania, Turkey.

Herb	*P. anomala* Linnaeus , Mant. Pl. 2: 247. 1771. Ssp. *anomala*	China , Kazakhstan, Mongolia, Russia.
Herb	*P. anomala* Linnaeus , Mant. Pl. 2: 247. 1771. Ssp. *veitchii* (Lynch) D.Y. Hong, & K.Y. Pan, Novon 11: 317.2001.	China.
Herb	*P. broteri* Boiss. et Reut., Diagn. Pl. Nov. Hisp. 4. 1842.	Portugal, Spain.
Herb	*P. brownii* Dougl. ex Hook. Fl. Bor.- Amer. (Hooker) 1(1): 27.1829.	U.S.A.
Herb	*P. californica* Nutt. Fl. N. Amer. (Torr. et Gray) 1(1): 41.1838.	U.S.A.
Herb	*P. cambessedesii* (Willk.) Willk. Prodr. Fl. Hispan. 3: 976. 1880.	Spain.
Tree/Shrub	*P. cathayana* D.Y.Hong & K.Y.Pan Acta Phytotax. Sinica 45(3): 286.2007.	China.

Herb	*P. clusii* Stern. et Stearn, Bot. Mag. 162:t. 9594. 1940. Ssp. *clusii*	Greece.
Herb	*P. clusii* Stern. et Stearn ssp. *rhodia* (Stearn) Tzanoud Fl. Helenica 2: 78. 2002.	Greece.
Herb	*P. coriacea* Boiss. Elench. Pl. Nov. Hispan. 7. 1838.	Morocco, Spain.
Herb	*P. corsica* Sieber ex Tausch. Fl. 11(1): 86. 1828.	Greece, Italy, Spain.
Herb	*P. daurica* Andrews, Bot. Repos. T. 486. 1807. ssp. *daurica*	Azerbaijan, Bosnia and Herzegovina, Bulgaria, Croatia, Georgia, Greece, Iran, Lebanon, Macedonia, Romania, Russia, Serbia, Turkey, Ukraine.
Herb	*P. daurica* Andrews ssp. *coriifolia* (Rupr.) D.Y. Hong, Bot. J. Linn. Soc. 143(2): 145.2003.	Armenia, Georgia, Russia.

Herb	*P. daurica* Andrews ssp. *macrophylla* (Albov.) D.Y. Hong, Bot. J. Linn. Soc. 143(2): 147.2003.	Armenia, Georgia, Turkey.
Herb	*P. daurica* Andrews ssp. *mlokosewitschii* (Lomakin) D.Y. Hong, Bot. J. Linn. Soc. 143(2): 146.2003.	Azerbaijan, Georgia, Russia.
Herb	*P. daurica* Andrews ssp. *tomentosa* (Lomakin) D.Y. Hong, Bot. J. Linn. Soc. 143(2): 148.2003.	Iran, Azerbaijan.
Herb	*P. daurica* Andrews ssp. *velebitensis* D.Y. Hong, Peonies World 178 (-179; fig. 5. 20c). 2010.	Croatia.
Herb	*P. daurica* Andrews ssp. *wittmaniana* (Hartwiss ex Lindl.) D.Y. Hong, Bot. J. Linn. Soc. 143(2): 146.2003.	Georgia, Russia.

Tree/Shrub	*P. decomposita* Handel-Mazzetti Acta horti Gothob. 13: 39. 1939. Ssp. *decomposita*	China.
Tree/Shrub	*P. decomposita* Handel-Mazzetti Acta horti Gothob. 13: 39. 1939. Ssp. *rotundiloba* D.Y. Hong Kew Bull. 52: 961. 1997.	China.
Tree/Shrub	*P. delavayi* Franchet, Bull. Bot. France 33: 382. 1886.	China.
Herb	*P. emodi* Wallich ex Royle, Ill. Bot. Himal. Mts. 1: 57.1834.	Afghanistan, Bhutan, China, India, Nepal, Pakistan.
Herb	*P. intermedia* C.A. Meyer in Ledebour . Fl. Altaic. 2: 277. 1930.	China, Georgia, Kazakhstan, Kyrgyzstan, Russia, Tajikistan, Uzbekistan.
Tree/Shrub	*P. jishanensis* T. Hong & W.Z. Zhao in T.Hong & al. Bull. Bot. Res. Harbin. 12: 225. 1992.	China.

Herb	*P. kesrouanensis* J. Thiebaut, Fl. Libano- Syr. IMem. Inst.Egypt. 31) 37.1936.	Lebanon, Syria, Turkey.
Herb	*P. lactiflora* Pallas, Reise. Russ. Reich. 3: 286. 1776.	China, Japan, Mongolia, North Korea, South Korea, Russia.
Tree/Shrub	*P. ludlowii* (Stern & Taylor)D.Y. Hong, Novon 7:157. 1997.	China.
Herb	*P. mairei* H. Leveille , Bull. Acad. Int. Geogr. Bot. 25.42.1915.	China.
Herb	*P. mascula* (L.)Mill. Gard. Dict., ed. 8. n. 1.1768. ssp. *mascula*	Bulgaria, France, Germany, Greece, Hungary, Italy, Romania, Russia, Serbia.
Herb	*P. mascula* (L.) Mill. Ssp. *bodurii* Ozhatay Karaca Arbor. Mag. 3(1): 21.1995.	Turkey.

Herb	*P. mascula* (L.) Mill. ssp. *hellenica* Tzanoudakis, Peonies of Greece 95. 1984.	Greece, Italy.
Herb	*P. mascula* (L.) Mill. Ssp. *russoi* (Biv.)Cullen & Heywood , Feddes Report. 69:35.1964	Greece, Italy, Spain.
Herb	*P. obovata* Maximiwicz , Prim Fl. Amur. 29. 1859. Ssp. obovata	China, Japan, Mongolia, North Korea, Russia, South Korea.
Herb	*P. obovata* Maximiwicz , Prim Fl. Amur. 29. 1859. Ssp. *willmottiae* (Stapf) D.Y. Hong & K.Y. Pan , Pl. Syst. Evol. 227. 134. 2001.	China.
Herb	*P. officinalis* L. Sp. Pl. 530. 1753. Ssp. *officinalis*	Albania, Austria, Bosnia and Herzegovina, France, Hungary, Italy, Montenegro, Portugal, Romania, Serbia, Spain, Switzerland.

Herb	*P. officinalis* L. ssp. *banatica* Rochel(Soo). Novenyfoldraz ed.1. 146. 1945.	Hungary, Italy, Romania, Serbia.
Herb	*P. officinalis* L. ssp. *huthii* A. Soldano in Atti. Soc. Ital. sci. Nat. Mus. Civ. Stor. Nat. Milano 133(10): 113.1993.	France, Italy, Portugal, Spain.
Herb	*P. officinalis* L. ssp. *italica* Passalaqua & Bernardo in: The Genus Paeonia in Italy.2004	Italy.
Tree/Shrub	*P. ostii* T.Hong & J.X. Zhang in T. Hong & al. Bull. Bot. Res. Harbin. 12: 223. 1992.	China.
Herb	*P. parnassica* Tzanoud, Peonies of Greece 71. 1984.	Greece.
Herb	*P. peregrina* Mill. Gard. Dict. ed. 6. n 3. 1768.	Albania, Bulgaria, Greece, Italy, Macedonia, Moldova, Romania, Serbia, Turkey.

Tree/Shrub	*P. qiui* Y.L. Pei & D.Y. Hong Acta Phytotax. Sin. 33: 91.1995.	China.
Tree/Shrub	*P. rockii* (S.G. Haw & Lauener) T.Hong & J.J.Li in T. Hong & al. Bull. Bot. Res. Harbin. 12: 227. 1992. Ssp. rockii	Bhutan, China.
Tree/Shrub	*P. rockii* (S.G. Haw & Lauener) T.Hong & J.J.Li in T. Hong & al. Bull. Bot. Res. Harbin. 12: 227. 1992. Ssp. *atava* (Bruhl) S.G. Haw & Lauener ex D.Y. Hong & K.Y Pan Acta Phytotax Sin. 43(2): 169.2005	China.
Herb	*P. saueri* D.Y. Hong, Xiao Q & D.M. Zhang Taxon 53(1): 88.2004.	Albania, Greece.
Herb	*P. sterniana* H. R. Fletcher , J.Roy. Hort. Soc. 84: 327. 1959.	China.
Tree/Shrub	*P. suffruticosa* Andrews, Bot. Repos. 6: t.373. 1804 ssp. suffruticosa	Bhutan, China, Widely cultivated in temperate region of the world.

Herb	*P.tenuifolia* Linnaeus, Syst. Nat. , ed. 10.2: 1079. 1759.	Bulgaria, Romania, Russia, Serbia, Ukraine. widely cultivated in Canada and U.S.A

Dos ca. 50 taxa pertencentes a Paeoniaceae, distribuídos em todo o mundo, cerca de 25 taxa (50%) são endémicos, ou seja, de distribuição restrita. Dos cerca de 25 taxa endémicos pertencentes a Paeoniaceae, cerca de 15 são herbáceos e cerca de 10 são arbustos/árvores. A amplitude do endemismo depende relativamente da amplitude de confinamento do grupo taxonómico numa determinada matriz. Por isso, pode ser descrito como "raridade" ou "raridade de área restrita" (Cowling, 2001). Pelo contrário, o grupo taxonómico, que se encontra amplamente distribuído, é considerado um táxon pan-endémico. A perceção do endemismo por parte dos biólogos evolutivos (que lidavam com fósseis e biota existente) concluiu que o tamanho da área de distribuição não podia ser considerado uma caraterística independente ao nível da espécie, uma vez que as espécies relacionadas podem ter o mesmo tamanho de área de distribuição; a variação do tamanho parece começar ao nível das subespécies) difere dos biólogos da conservação (que consideram que a raridade restrita à área de distribuição é um atributo que predispõe um táxon à extinção e que a compreensão adequada da correlação entre factores bióticos e abióticos seria o instrumento de gestão ideal para reduzir a taxa de extinção) e dos ecologistas de comunidades (que consideram que se trata de uma forma de raridade ou de uma área de raridade restrita que depende de caraterísticas ecológicas específicas, como o tamanho da população local, o tamanho do corpo, a aptidão reprodutiva e a aptidão para a dispersão, etc.)" (Cowling, 2001).(Cowling, 2001)". Há muitos factores que actuam sobre um determinado táxon, individualmente ou em sinergia, para tornar esse táxon endémico, que podem ser classificados nas seguintes categorias

1. **Barreira física:** Massa de terra isolada, separada por mares; ilha; montanhas altas ou manchas florestais separadas por pradarias; lagos naturais sem terra, etc.

2. **Barreira ecológica:** Alterações climáticas, instabilidade atmosférica alterações topográficas.

3. **Interferências atmosféricas:** Sobre-exploração, modificação do habitat, deterioração, etc.

4. **Incompatibilidade genética:** O cruzamento, a introgressão genética, a deriva genética e a mistura genética criam problemas para manter o nível de M. V. P. (População Mínima Viável) e, finalmente, afectam a biologia reprodutiva.

5. **Factores biológicos:** O sobrepastoreio do gado, a falta de vectores específicos para o pólen, os agentes patogénicos e as ervas daninhas exóticas afastam um táxon amplamente distribuído para uma localidade confinada.

6.   **Calamidades naturais:** Inundações, secas, deslizamentos de terras, glaciações, população, etc.

A matriz ocupada por taxa endémicos deve ser considerada como "matriz endémica" ou área endémica "(DeCandolle, 1855)". O conceito de endemismo de um determinado táxon para uma determinada matriz é relativo. Considerando todos os factores relevantes que contribuem ativamente para tornar um táxon endémico, é possível esclarecer a sua origem e outros pormenores como, por exemplo, se:

1.   O taxon é um remanescente vivo de um taxon antigo e amplamente distribuído.

2.   Recém-desenvolvido a partir de uma linhagem parental através de especiação.

3.   Num estado intermédio entre as origens e a extinção.

4.   Hábito.

5.   A extensão da ploidia.

6.   Gama de radiação adaptável.

7.   Possível evidência fóssil.

Um esboço da classificação das plantas endémicas foi apresentado em

Tabela 2.

Quadro 2. Esboço das categorias endémicas do reino vegetal.

	TYPE	DEFINITION	SOURCE
1.	**PALAEOENDEMICS**	The Palaeoendemics are relict representative of widely distributed taxa, having an arborescent habit, taxonomic isolation, low adaptive radiation, high level of genetic erosion with constancy in chromosome numbers.	Ahmedullah and Nayar (1986)
2.	**NEOENDEMICS**	The Neoendemics are newly evolved taxa of recent origin having a herbaceous habit, predominant vicariance, high adaptive radiation, low level of genetic erosion and arising from the active genetic stalk, marked by natural mutation, chromosomal aberration or polyploidy.	Ahmedullah and Nayar (1986)
3.	**HOLOENDEMICS**	The Holoendemics are an intermediate state between Neoendemics and Palaeoendemics.	Ahmedullah and Nayar (1986)

4.	**SCHIZOENDEMICS**	The Schizoendemics are occurring in diverse ecological niches, having identical chromosome numbers.	Ahmedullah and Nayar (1986)
5.	**PATROENDEMICS**	The Patroendemics are parent endemics, usually, diploids, give rise to polyploids.	Ahmedullah and Nayar (1986)
6.	**APOENDEMICS**	The Apoendemics are polyploids of hybrid origin, arising from the crossing of taxa with identical chromosome number, distributed widely.	Ahmedullah and Nayar (1986)
7.	**EDAPHIC ENDEMICS**	The Edaphic endemics are the result of specific physiographic requirements of a taxon met by a particular geologic formation.	Kruckeberg (1984)
8.	**ISLAND-ENDEMICS**	The Island-endemics are confined and existed together in an Island habitat having a diverse taxonomic identity.	Ahmedullah and Nayar (1986)).
9.	**ANTHROPO-GENIC-ENDEMICS**	The Anthropogenic-endemics are evolved due to human interference (e.g. Over exploitation, habitat transformation, habitat destruction etc.	Ahmedullah and Nayar (1986)

11.	**PSEUDOENDEMICS**	The Pseudoendemics due to inadequate knowledge of their geographical distribution.	Ahmedullah and Nayar (1986)
12.[4]	**NARROW RANGE ENDEMICS**	The N.R.E.s is restricted in a particular political boundary (e.g. Country/State).	Kundu (2004)
13.[5]	**BROAD RANGE ENDEMICS**	The B.R.E.s is restricted in a region comprising of more than one state.	Kundu (2004)

De acordo com as linhas gerais das categorias fitoendémicas, *Paeonia cathyana, P. decomposita* ssp. *decomposita, P. decomposita* ssp. *rotundiloba, P. delavayi, P. jishanensis, P. ludlowii, P. ostii, P. qiui,* e *P. rockii* ssp. *atava* estão a ser reconhecidas como Paleoendémicas '(Ahmedullah e Nayar, 1986)' enquanto *P. algeriensis, P. anomala* ssp. *veitchii, P. brownii, P. cambessidesii, P. californica, P. clusii* ssp. *clusii, P. clusii* ssp. *rhodia, P. daurica* ssp. *velebitensis, P. mairei, P. obovata* ssp. *willmottiae, P. officinalis* ssp. *italica, P. parmassica,* e *P. sterniana* devem ser consideradas como Neoendémicas '(Ahmedullah e Nayar, 1986)' .

---

[4] O World Institute for Conservation & Environment, WICE (2004) categorizou os taxa endémicos em três categorias: i. Endémicos locais (apenas encontrados numa montanha em particular, como a falésia da montanha), ii. Endémicos nacionais (encontrados num país em particular, como as Honduras) e

[5] iii. Endémicas da área geográfica (encontradas na região dos Himalaias, abrangendo vários países).
Fonte: WWW.birdlist.org/nature_management/ecomapping/endemism.htm

Por outro lado, todos estes vinte e dois taxa poderiam ser considerados como "endémicos de área de distribuição estreita", enquanto sete taxa: *P. broteri, P.coriacea, P.daurica ssp. tomentosa, P. daurica ssp. wittmaniana, P. mascula ssp. hellenica, P. rockii ssp. rockii* e *P. saueri* seriam categorizados como "endémicos de grande amplitude" (Kundu, 2004). Os taxa herbáceos endémicos, pertencentes a Paeoniaceae na região mediterrânica: *Paeonia daurica* ssp. *wittmaniana, P. mascula* ssp. *hellenica, P. officinalis* ssp. *italica, P. parnassica* são de origem alotetraplóide ' (Tzanoudakis, 1983)'; por conseguinte, as peónias herbáceas tetraplóides endémicas da região mediterrânica devem ser consideradas como "Apoendémicas" '(Ahmedullah e Nayar, 1986)'. Por outro lado, duas espécies herbáceas endémicas da Ásia Oriental: *P. mairei* e *P. obovata* ssp. *willmottiae* (subespécie de *P. obovata*) e uma espécie herbácea endémica da região mediterrânica: *P. clusii* (com duas subespécies, ssp. *clusii* e ssp. *rhodia*), com diploides e tetraploides na sua população e esses tetraploides são supostos ser "auto-tetraploides", originados a partir de diploides '(Stern, 1946; Sang *et al.,* 1995)' ou a possibilidade de multiplicação de gâmetas não reduzidos e a possibilidade de hibridação ' (Hong, 2011)'; por conseguinte, estas três peónias endémicas da Ásia e da região mediterrânica devem ser consideradas como "Patroendémicas" '(Ahmedullah e Nayar, 1986)'. O subgénero: *Oneapia* da família Paeoniaceae, consiste em duas espécies endémicas, herbáceas, diplóides distribuídas disjuntamente na América do Norte: *P. brownii* e *P. californica* e estes taxa seriam classificados como "Neoendémicos" (Ahmedullah e Nayar, 1986) aparentemente. Mas estudos ecológicos, citológicos e morfológicos detalhados sobre estes taxa, revelam que *P. californica*, endémica do Sul da Califórnia, prefere clima húmido e mais quente, aclimata-se facilmente em cultivo enquanto *P. brownii*, endémica do Norte da Califórnia dos E.U.A. à Columbia Britânica do Canadá, mostra afinidade xerófita e mal adaptada ao cultivo '(Stebbins, 1939)'. Assim, *P. brownii*, cuja capacidade de sobrevivência depende muito de factores edáficos e microclimáticos, deve ser classificada como "endémica edáfica" (Kruckeberg, 1984), enquanto *P. californica*, que foi experimentada como planta de viveiro em diferentes condições eco-climáticas, deve ser classificada como "esquizoendémica" (Ahmedullah e Nayar, 1986).

Hibridação natural de Paeoniaceae: seguindo o caminho evolutivo

A hibridação natural da peónia em habitat selvagem na idade do gelo (interespecífica ou intra-específica) ou no quintal (nos últimos nove mil anos) de um amante de plantas é um fenómeno comum testemunhado na sua longa história (cerca de um milhão e meio de anos) de uso e utilização como etnomedicina e flor ornamental em diferentes partes do mundo. Com base em estudos taxonómicos clássicos, as antigas espécies de peónias arbóreas: *Paeonia baokangensis* e *P. yananensis* foram registadas como novas espécies, mas estudos morfológicos e citológicos detalhados posteriores afirmaram que *P. baokangensis* é uma espécie híbrida interespecífica entre *P. rockii* e *P. qiui* e *P. yananensis* é um híbrido interespecífico entre *P. rockii* e *P. jishanensis* '(Hong 2010)'. É bastante interessante notar que na família Paeoniaceae, essa secção: *Moutan, Oenopia* e dois terços de *Paeonia* são diplóides (2n=10) na natureza, enquanto um terço de *Paeonia* é tetraploide e que presumivelmente passou por uma evolução reticulada complexa '(Stebbins, 1939; Sang *et al.,* 1995)'. A origem das peónias tetraplóides foi uma questão complexa, quer se tratasse de "autotetraplóides", descendentes de um antepassado diploide existente (Stern, 1946) ou de "alotetraplóides", com base na observação citológica de bivalentes na meiose desses tetraplóides, e.e. g. *Paeonia officinalis, P. perigyrina* etc. e ainda notado por expressões morfológicas de tetraplóides que são híbridos na natureza agem como elo intermediário entre as variações morfológicas extremas de diplóides ' (Stebbins, 1939; Hong, 2011) '. Anteriormente, *Paeonia obovata,* predominantemente distribuída na China e no Japão, que é tetraploide por natureza, foi considerada "autopoliplóide" na origem, mas a incapacidade de amplificação do gene Adh2 da origem chinesa de *P. obovata* anulou a hipótese de derivado autopoliplóide de *P. obovata* da região adjacente da China; além disso, valida a hipótese de derivado alopoliplóide da hibridação entre duas raças geográficas de *P.obovata* diploide distribuídas na China e na região adjacente do Japão '(Hong, 2011)'. Zhu *et al.,* (2015), utilizaram técnicas de DNA barcoding para estudar as relações filogenéticas de três espécies de *Paeonia*: *P. suffruticosa* (pertencente ao subgénero: *Moutan*), *P .obovata* e *P. lactiflora* da secção *Paeonia* testaram a região codificadora do cloroplasto do gene rbcL em combinação com o espaçador intergénico matK, trnK-matK e matK-trnK, região ITS do nrDNA; genes de RNA ribossómico 5s e RNA ribossómico 18s e a sequência rbcL ajudou a estabelecer a relação monofilética entre a secção: *Moutan* e a secção: A análise comparativa das sequências das regiões ITS1-5.8S rDNA-ITS2 de ca. 16 ; ca. 5 híbridos naturais e interespecíficos (alopoliplóides na natureza) mostrou que a diversidade de espécies da secção herbácea: *Paeonia* resultou de hibridização intraespecífica, onde a recombinação genómica ocorreu entre três famílias de haplótipos, a saber: a. haplótipo A (compreendendo *P. tenuifolia* e *P. anomala*), b. haplótipo B (compreendendo *P. mlokosewitschii* e *P. obovata*) e c. haplótipo C (algumas espécies diplóides e tetraplóides do Cáucaso e da região mediterrânica) '(Punina *et al.* 2012)'. Estudos filogenéticos recentes de Sang *et al.* (1995) utilizando sequências da região ITS (Internal Transcribed Spacer) do ADN ribossómico nuclear e do gene matK do ADN do cloroplasto apoiaram a evolução reticulada da secção: *Paeonia* e mostra ainda que a maioria dos descendentes híbridos, com sequências de ADN do tipo parental da Ásia, se encontram na região mediterrânica, enquanto os seus antepassados se encontram na Ásia. A origem dos descendentes mediterrânicos de Paeoniaceae a partir da hipótese do stock asiático foi ainda evidenciada pelo desenrolar da história da evolução molecular de *P. cambessidessi* (diploide; distribuída em Espanha) e *P. mascula* ssp *russoi* (tetraploide; distribuída em Espanha, Grécia e Itália), consideradas relacionadas entre si, apoiadas pela filogenia matK; enquanto a sequenciação ITS de *P. cambessidessi* e *P. mascula* ssp *russoi* mostram aditividade nucleotídica em sítios variáveis, idêntica à de *P. lactiflora* (distribuída disjuntamente na China, Japão, Coreia, Mongólia e Rússia) e *P. mairei* (distribuída na China), sugerindo que a hibridação natural destas duas espécies dá origem a *P. cambessidessi* e *P. mascula* ssp *russoi* '(Sang *et al.,* 1995)'. A maioria dos membros arbóreos e arbustivos do subgénero: *Moutan*, com distribuição restrita na Ásia Oriental, enquanto os membros herbáceos do subgénero: *Paeon(ia)*, distribuídos no Mediterrâneo, Cáucaso e norte de África, compreendem seis diplóides, dez tetraplóides e três espécies têm populações diplóides e tetraplóides '(Sang *et al.*, 1995)'; além disso, também se verificou que na origem híbrida das peónias herbáceas, a percentagem de diplóides é mais elevada do que a de tetraplóides, o que indica que a especiação híbrida a nível diploide na peónia faz parte do processo de seleção natural. Anteriormente, foi dada atenção a estudos de rearranjos cromossómicos para resolver o mecanismo de especiação, mas estudos moleculares recentes sustentam que a "seleção natural", particularmente a "seleção ecológica", é o fator-chave para a "especiação híbrida homoplóide" (Yakimowski e Rieseberg, 2014). A percentagem relativa de diploides e poliploides ajuda a determinar a idade relativa das floras '(Ahmedullah e Nayar, 1986) '. De acordo com Ahmedullah e Nayar (1986), a idade relativa dos elementos florísticos mais antigos com maior percentagem de diplóides do que os elementos florísticos mais jovens representados com maior percentagem de poliploidia; o que indica ainda que não só as populações arbustivas de peónia na Ásia Oriental, mas também as populações herbáceas nas regiões do Mediterrâneo, do Cáucaso e do Norte de África, toda a peónia já ultrapassou o modo de divergência (parte do processo de envelhecimento) em termos de dinâmica populacional. É muito interessante notar que levantamentos florísticos recentes afirmam que apenas 10% das plantas podem hibridar e este fenómeno indica que os híbridos estéreis são o resultado evolutivo da seleção natural que ocorre devido à esterilidade cromossómica e contradiz a hipótese de Stebbins "A hibridação natural é omnipresente" (Yakimowski e Rieseberg, 2014). O padrão de distribuição disjuntivo de Paeoniaceae no hemisfério norte indica a necessidade de uma revisão da biogeografia paleobotânica para uma melhor compreensão de sua filogenia.

Biogeografia de Paeoniaceae em relação à citologia

Do ponto de vista paleobotânico, é bastante convincente explicar a distribuição disjunta, o nível de ploidia e o endemismo de Paeoniaceae no hemisfério norte no contexto de mudanças climáticas na escala de tempo geológica. A paleobiogeografia do hemisfério norte foi altamente influenciada pela disjunção geográfica e pela extinção de muitas espécies na era glacial devido às glaciações na era pleistocénica '(Potts e Behrensmeyer, 1992)'. De acordo com Stebbins (1939) e Sang *et al.*, (1995), as condições paleoclimáticas que ocorreram devido às "Glaciações do Pleistoceno" aumentaram i. a disjunção geográfica devido à extinção em massa/sobrevivência devido à mudança abrupta das condições climáticas e ii. "hibridação natural" entre espécies de peónias diplóides morfologicamente distantes, resultando em "alotetraplóides" com caracteres intermédios entre peónias morfologicamente distantes '(Sang *et al.*, 1995)'; o que foi ainda estabelecido pela reconstrução do modelo de evolução reticulada por sequenciação de ADN '(Sang *et al.*, 1995)' e explica ainda a distribuição contemporânea de peónias na região mediterrânica, sucedendo às peónias asiáticas. De acordo com Hong (2011), a "alopoliploidia" é um processo único de hibridação natural que combina genes benéficos, restaura a taxa de fertilidade juntamente com uma baixa divergência genómica de descendentes híbridos férteis e estáveis entre progenitores diplóides filogeneticamente distintos. Devido ao arrefecimento climático em altas latitudes durante o Mioceno médio (cerca de 16,6 mya), ocorreu a submersão da "ponte terrestre de Bering", que actua como corredor para a troca de plantas decíduas temperadas entre a Eurásia e a América do Norte ocidental, levando à disjunção intercontinental das peónias (Tiffeny, 1985), seguida do início de condições climáticas quentes e do aparecimento de hábitos herbáceos. Doravante, as peónias com hábito lenhoso/arbustivo foram consideradas como ancestrais ou "Plesiomórficas" enquanto as peónias herbáceas foram consideradas como derivadas ou "apomórficas" (Chapman e Wang, 2002). A hibridação natural das peónias no Pleistoceno conduziu a uma combinação de um vasto conjunto de genes, sujeito ainda ao processo de seleção natural '(Arnold e Hodges, 1995)'; os descendentes europeus das peónias de Asain que se encontram atualmente no Mediterrâneo foram substituídos pelos seus híbridos; ao mesmo tempo, as peónias híbridas da Europa passaram por severas alterações climáticas nessa época e ocorrem atualmente na região do Mediterrâneo. A Ásia Oriental não foi afetada pelas glaciações do Pleistoceno e actua como a morada da peónia não híbrida ' (Potts e Behrensmeyer, 1992) '. A análise da ecologia da polinização e da biologia reprodutiva do diploide (2n=10), táxon endémico *Paeonia brownii* da América do Norte Ocidental (Oregon), produz 20% de sementes por folículo maduro (cerca de 4 óvulos em 19 num carpelo) em condições de polinização natural, em que a taxa de fertilidade do pólen é um fator importante (até 50% por vezes) '(Bernhardt *et al.*, 2013)'. Os estudos embriológicos de membros da Secção: *Paeonia*, afirmam que o tamanho da semente em *P. brownii* é consideravelmente grande '(Hong, 2010)' relataram que a taxa de conversão de óvulos em sementes é comum em plantas com sementes grandes. Com base no suprimento vascular relictual e na estrutura do óvulo de *P. brownii*; Camp e Hubbard (1963) opinaram que seu ancestral poderia ter o tipo grande e complexo de carpelo produzindo mais sementes; portanto, o processo evolutivo favoreceu sementes menores e maiores. Também se verificou que, no mesmo nível taxonómico, com diferentes níveis de ploidia, o nível de heterozigotia aumentou de diplóides para um nível elevado de poliplóides e também se verificou que uma taxa elevada de heterozigotia de inversão cromossómica foi observada em populações naturais de *Paeonia* endémica (por exemplo, *P. decomposita endémica da China com um* nível de heterozigotia de 1,5 a 2,5 vezes). *decomposita* endémica da China, com uma população de 13 indivíduos), com populações pequenas e isoladas em habitat natural isolado ou com pressão demográfica sustentada, principalmente devido à erosão genética e à deriva genética, observadas citologicamente (por exemplo, pontes de cromossomas, fragmentação, cromossomas atrasados e segregações desiguais, etc.) na Anáfase-1 e na Telófase-1" (Quan *et al,* 2008)'. Do ponto de vista evolutivo, a poliploidia é uma parte das estratégias de sobrevivência de diferentes espécies no hemisfério norte que passaram por mudanças paleoclimáticas severas na idade do gelo, uma salvaguarda biológica contra a depressão endogâmica e a deriva genética ' (Brochmann *et al.*, 2004) ' e afirmou ainda que o processo de colonização, bem como a capacidade de sobrevivência dos poliplóides, são mais eficientes do que os diplóides do mesmo grupo taxonómico de plantas na era pós-glacial. De acordo com os grãos de pólen fósseis de *Paeonia sp.* '(Vishnu Mittre e Sharma, 1966)' da era Quaternária, do lago Hiagam, Caxemira tem uma forte semelhança com *Paeonia emodi* Wall. Dos Himalaias do Noroeste, bem como dos Himalaias de Caxemira. Embora a evidência fóssil de Paeoniaceae não tenha fornecido qualquer pista direta sobre a sua relação com o fitotendemismo, dá uma pista sobre a sua matriz anterior de dominação, bem como sobre o centro provisório de diversificação ou origem, muito próximo da China na Ásia Oriental.

Domesticação de Paeoniaceae: mudança de estatuto das espécies selvagens para as culturas cultivadas

Embora a manutenção da biodiversidade seja o objetivo final para alcançar o desenvolvimento sustentável da sociedade humana, a relação entre a magnitude do crescimento agrícola e industrial e a perda de biodiversidade é diretamente proporcional. Ao mesmo tempo, a relação entre o processo agrícola (que começou com a história da domesticação das culturas selvagens há cerca de 10 000 anos) ' (Gross e Olsen, 2010)' e a conservação da biodiversidade, bem como a sustentabilidade, é inversamente proporcional, o que foi evidenciado pela conversão de um décimo dos ecossistemas terrestres selvagens em habitat de culturas cultivadas, substituindo os progenitores das culturas selvagens por cultivares domesticadas '(Gross e Olsen, 2010)'. O processo de adaptação e diversificação de qualquer planta selvagem, que foi encontrada mais tarde em cultivo, passou pela história da domesticação. É necessário compreender, do ponto de vista espácio-temporal, o processo evolutivo da planta cultivada em relação à sua origem geográfica; se é resultado de domesticação única ou múltipla e a ocorrência de "gargalo genético[1] " nesse processo '(Gross e Olsen, 2010) '. Embora a origem de uma planta cultivada de uma determinada localização geográfica a partir de um único progenitor seja uma ideia convencional ' (Yuan *et al.*, 2013) ' e que é conhecida como "domesticação única", os trabalhos contemporâneos em biologia molecular apoiam múltiplas origens geográficas independentes, por exemplo, arroz asiático, cevada '(Yuan *et al.*, 2013)', vulgarmente conhecida como "domesticação múltipla" e "domesticação independente" de diferentes espécies, também se verificou em diferentes localizações geográficas, por exemplo, duas espécies cultivadas de arroz (*Oryza sativa* e *O. glaberrina*) '(Yuan *et al.*, 2013)'; duas espécies cultivadas de algodão (*Gossypium hirsutum* e *G. barbadense*) '(Westengen *et al.*, 2005)'. Embora o estrangulamento genético seja uma caraterística comum em plantas anuais com sementes, não é muito comum em árvores perenes ou ervas com propágulos vegetativos (Besnard *et al.*, 2013; Yuan *et al.*, 2013). As peónias arbóreas, mundialmente populares pelo seu potencial ornamental e etnomedicinal, têm sido cultivadas na China (o seu centro de origem) há 1600 anos, mas a sua história de domesticação permanece por resolver (Yuan *et al.*, 2013). *Paeonia sufrruticosa*, "Rei das flores", é uma das espécies de árvores importantes que formam a secção *Moutan* Dc. com outras nove espécies de árvores ' (Hong, 2010, 2011) '. Para traçar a história da domesticação das peónias arbóreas (o fóssil vivo), Zhou *et al,* (2014), realizaram uma extensa investigação filogenética com base em sequências de cerca de 14 regiões de cloroplasto de evolução rápida e cerca de 25 marcadores nucleares de cópia única identificados a partir de dados sequenciados de RNA de amostras bastante grandes (cerca de 441 acessos de cerca de 37 populações), incluindo peónias arbóreas selvagens. 37 populações) de peónias arbóreas selvagens, cultivares bem estabelecidas de peónias arbóreas supostamente envolvidas no processo de hibridação natural e verificou-se que as cultivares de peónias arbóreas foram originadas como resultado de hibridação homoplóide aleatória (o resultado de uma prática antropogénica com um milénio e meio de idade para criar peónias híbridas férteis ornamentais nos jardins domésticos através da recolha de germoplasma selvagem de peónias de diferentes partes da China) de cinco peónias arbóreas selvagens *P. cathayana, P. rockii, P. qiui, P. ostii* e *P. jishanensis* '(Zhou *et al.,* 2014)', enquanto que a formação de espécies alotetraplóides através de hibridação natural tem sido evidenciada em peónias herbáceas ' (Sang *et al.,* 1995)'. Utilizando 14 marcadores de microssatélites nucleares, Yuan *et al.* (2013) realizaram uma extensa investigação da história das questões de domesticação das peónias arbóreas a nível molecular, em cerca de 553 peónias arbóreas, recolhidas em toda a China, incluindo "Comm on Tree Species" ou CTP, "Flare Tree Species" ou FTP, espécies selvagens e subespécies de peónias: *Paeonia rockii* ssp. *rockii, P. rockii* ssp. *atava, P. jishanensis* e *P. decomposita,* os potenciais contribuintes para as peónias arbóreas domesticadas e notaram "domesticações independentes" de "CTP "s e "FTP "s de duas espécies selvagens distintas e alopátricas: *P. jishanensis* e P. *rockii* ssp. *atava,* respetivamente, de diferentes

locais. É bastante interessante verificar que a diversidade genética em "CTP "s e "FTP" s

é comparativamente mais elevada do que em quatro espécies e subespécies selvagens de

peónias, principalmente devido à destruição do habitat selvagem e à sobre-exploração

humana, que resultam em populações mais pequenas e isoladas, aumentando a depressão

endogâmica e, em última análise, levando à extinção '(Hong, 2010; Yuan *et al.,* 2013)'.

Verificou-se que a seleção de plântulas de peónias de árvores cultivadas é feita na

prática a partir do pomar sob polinização aberta; Yuan *et al.,* (2013) opinou que este

processo particular de seleção de reprodução compensou a perda de diversidade

genética. O estrangulamento genético é um sintoma habitual do processo de

domesticação, uma vez que a diversidade alélica em espécies domesticadas é

considerada uma forma de replicação da encontrada nos seus progenitores selvagens

'(Piry *et al.,* 1999; Gross e Olsen, 2010)'. A análise "Bottleneck" mostra um considerável

"excesso de heterozigotia" em taxa selvagens de *P. jishanensis, P. rockii ssp. rockii,*

p.rockii ssp. *atava* em comparação com "CTP "s e "FTP "s '(Yuan *et al.,* 2013)'; em vez

de peónias de árvores cultivadas, o gargalo genético foi notado em algumas populações

de peónias de árvores selvagens. De acordo com Austerlitz *et al.* (2000), os longos

tempos de geração da peónia arbórea (que é de cerca de 5 anos) e a sobreposição de

gerações poderiam compensar os estrangulamentos da domesticação das peónias. O

"tempo de divergência" estimado entre "CTP "s e *P. jishanensis* foi quase o dobro em

comparação com "CTP "s e *P. rockii* ssp. *atava,* o que ajuda a inferir a domesticação recente das "FTP" em comparação com as "CTP", que ocorreu mais cedo e que foi historicamente afirmado: as cultivares "CTP" foram desenvolvidas na dinastia Tang (627-850 d.C.), enquanto as cultivares "FTP" foram desenvolvidas nas dinastias Ming a Qing (1398-1797 d.C.) '(Yuan *et al.,* 2013)'. Os traços mais importantes no processo de domesticação são o número e o tamanho das flores e o número e a cor das pétalas '(Yuan *et al.,* 2013)'; as "CTP" s e as "FTP" mostraram traços semelhantes: (flores simples vs. múltiplas); (pétala branca vs. pétalas brancas, cor-de-rosa, púrpura, vermelhas). Apesar das domesticações independentes, as "CTP "s e as "FTP "s são dois grupos ideais de peónias, instâncias ideais de evolução paralela e convergente de diferentes locais e diferentes espécies '(Yuan *et al.,* 2013)'. Embora o processo de domesticação e a conservação da biodiversidade sejam dois processos antagónicos '(Zhou *et al.,* 2014)' no contexto das alterações climáticas, alterações antropogénicas, sobre-exploração dos recursos selvagens, a domesticação de peónias híbridas a partir de progenitores selvagens é um consolo natural sob a forma de um precioso património genético onde uma parte dos genomas únicos conservados a partir de germoplasma endémico selvagem de peónias ' (Lopez-Puzol e Zhao, 2004) ' à beira da extinção.

Propagação e doenças

A peónia, um género ornamental e medicinalmente importante, tem sido cultivada desde 900 AC. Com híbridos e cultivares (Spencer, 1997). A semente madura levou quase três anos para produzir flores de plantas maduras. Assim, não é o método ideal de propagação para os viveiristas, pelo que a reprodução vegetativa como a divisão, a estratificação e as estacas são métodos úteis aplicados para a produção comercial de propágulos (uma parte do porta-enxerto com 6-7 olhos) de peónias. As peónias preferem crescer em solo arenoso bem arejado, com rega regular com água gelada, necessária para a formação de botões, também conhecidos como olhos. O solo do jardim deve estar bem exposto ao sol e o pH deve estar dentro do nível 6-7. O número limitado de olhos (3-4) deve ser segregado dos porta-enxertos de 10-15 anos da planta-mãe e deve ser recolhido como propágulo correto para gerar novas plântulas. O tamanho do buraco no solo, preparado para semear o propágulo, deve ter 1' a 1,5' de profundidade e 3' a 4' de distância. Na altura da sementeira do propágulo, os fertilizantes de viveiro recomendam / chávena de NPK (10-10-10) juntamente com / chávena de farinha de boan e / chávena de superfosfato. Depois de encher $4/5^{th}$ do buraco com terra, o porta-enxerto / olho deve ser plantado, virando os olhos para cima. Antes da época de floração, cada planta deve ser tratada com / chávena de fertilizante com baixo teor de azoto (NPK: 5-10-10). A base de cada planta deve ser coberta com cobertura vegetal, pois ajuda a eliminar as ervas daninhas, mantendo a temperatura ideal e retendo a humidade durante o período de dormência no inverno e deve ser removida durante a primavera. O seu enraizamento é profundo e as reacções alelopáticas desempenham um papel fundamental na floração das peónias, pelo que é necessário ter um cuidado especial com as árvores e arbustos vizinhos que interferem com o sistema radicular das peónias.

Várias doenças fitopatogénicas podem afetar o crescimento e a floração das peónias, que são as seguintes

a. Oídio na folha da peónia: Devido a esta doença fúngica, as folhas da peónia apresentam um pó branco ou acinzentado. Afecta o crescimento da planta e o tamanho da flor das plantas também foi afetado.

b. Sarampo da mancha vermelha da peónia: É também conhecido como ferrugem da botrys. As manchas avermelhadas ou acastanhadas que se observam nas folhas afectam a floração e a saúde da planta, provocando a sua morte, mesmo com gravidade.

c . Phytophthora blight da peónia: O caule carnudo e as raízes da peónia foram infectados pelo agente fúngico transmitido pelo solo, conhecido como Phytophthora cactorum, que afectou o crescimento da planta, resultando na podridão de toda a planta.

d. Ferrugem do Sul: Toda a planta fica descolorida devido a esta praga, que começa no verão. A propagação da doença começa na coroa e expande-se por toda a planta. A cor avermelhada bronzeada foi notada na parte superior da planta.

Para além destas principais doenças fúngicas, as peónias sofrem de outros tipos de doenças virais, como a mancha anelar e a doença viral do enrolamento das folhas, lesões foliares causadas por nemátodos, formigas, tripes, etc. Uma vez que os pesticidas e fungicidas quimicamente nocivos não são realmente recomendados, tipicamente para praticar o princípio de práticas de propagação de peónias amigas do ambiente, hoje em dia. Por isso, é necessário prestar uma atenção especial para espalhar uma camada fina de areia na base do buraco ou na área inferior de propagação e um pó de enxofre na camada da coroa das peónias para as manter saudáveis.

Potencial económico e ameaça de sobrevivência

Tradicionalmente, as peónias ornamentais são cultivadas há muito tempo (mais de mil e quinhentos anos) na China, onde foram consideradas como "Rei das flores" e na Grécia, onde foram consideradas como "Rainha das ervas" devido ao seu imenso potencial económico (Gambrill, 1988; Hong, 2010). Até à data, nenhuma espécie selvagem de Paeoniaceae se encontra numa população amplamente distribuída, quer herbácea quer arbustiva (as chamadas peónias arbóreas), no habitat natural devido à estocasticidade demográfica, ambiental e genética. A procura de produtos hortícolas nos mercados nacionais e internacionais, bem como as suas propriedades medicinais, põem em risco a sua sobrevivência. A exploração do germoplasma do habitat selvagem poderia ser evitada através de melhores práticas de propagação *in situ* e ex *situ* (em diferentes jardins) e esta não é a única forma de satisfazer a sua procura no mercado (viveiros hortícolas e plantações medicinais); as aplicações da biotecnologia avançada, a seleção clonal e as culturas de tecidos devem ser consideradas a nível comercial com medidas de cultivo contemporâneas. Embora a peónia tenha passado por uma longa história de viagem metamórfica desde as florestas selvagens até ao habitat dos jardins no complexo processo de domesticação, ainda não foram tomadas medidas suficientes a nível global para salvar o germoplasma selvagem da peónia, que está a diminuir. A nível regional, o Instituto para a Conservação Nacional da Sérvia (organismo afiliado da

IUCN) classificou 5 espécies selvagens de peónias como espécies ameaçadas para as proteger de um maior esgotamento, a saber

1. *Paeonia corallina* - Foi encontrada no habitat selvagem brilhante e aberto da Sérvia central e oriental.

2. *Paeonia decora* - esta espécie encontra-se nas zonas de floresta do centro da Sérvia.

3. *Paeonia officinalis* ssp. *officinalis* - classificada como Criticamente em Perigo, restrita na Reserva Natural de Deliblato. Sérvia.

4. *Paeonia officinalis* ssp. *banatica* - classificada como Criticamente em perigo, restrita à Reserva Natural de Deliblato, na Sérvia.

5. *Paeonia tenuifolia* - Esta espécie foi encontrada na reserva natural de Deliblato, na Sérvia.

De acordo com o estatuto da IUCN, a Paeonia officinalis ssp banatica e a Paeonia officinalis ssp officinalis estão na categoria menos preocupante, embora estas duas espécies tenham sido consideradas como ameaçadas ou vulneráveis em alguns países europeus. De acordo com o relatório sobre o estado da IUCN, a *Paeonia parnassica*, a peónia endémica da Grécia, foi classificada como espécie em perigo de extinção, uma vez que foi detectada uma exploração excessiva no seu habitat devido à sobre-exploração, sendo mesmo o número de populações muito baixo (o número de indivíduos foi inferior a 2500) no habitat selvagem.

No mercado internacional, o preço da peónia varia de \$15,00 a \$125,00 com base no tamanho do sistema radicular e a escala de classificação varia de 3 a 8. Dois tipos de derivados de extrato de raiz de peónia: a. RPA (Radix Paeoniae Alba) da raiz de peónia branca (WPR) e b. RPR (Radix Paeoniae Rubra) da raiz de peónia vermelha (RPR) utilizada na medicina tradicional chinesa há muito tempo a partir da fonte de *Paeonia lactiflora, P. veitchii* com diferentes cores de raízes; a diferença subtil é que a WPR contém um elevado teor de paeoniflorina e paeonol e um teor mais baixo de albiflorina do que a RPR '(Zhu *et al.,* 2015)'. Os extractos de raiz de *Paeonia lactiflora* são popularmente conhecidos como RPAE (Radix Paeoniae Alba) e são uma mistura de 40 constituintes com uma vasta gama de propriedades farmacológicas: anti-oxidantes, anti-inflamatórios, anti-alérgicos, anti-trombose, melhoradores da cognição, anti-hiperglicémicos, proteção dos rins, etc. (Zhu *et al.,* 2015)", a "Paeoniflorina", um dos principais componentes da RPAE, tem sido considerada muito útil como neuro-medicina: para o tratamento da epilepsia, isquemia cerebral, doença de Alzheimer, doença de Parkinson, etc. O extrato de raiz de *P. lactiflora* (contém os princípios activos: Paeonol, Paeoniflorin, Albiflorin, etc.) tem um efeito inibidor sobre a monoamina oxidase, causando stress ligeiro imprevisível crónico (CUMS) '(Edwards *et al.,* 2015)', que tem sido tradicionalmente utilizado na medicina chinesa como medicamento antidepressivo. Os extractos de raiz de *P.lactiflora* que contêm: Paeonol, ácido benzoico, galato de metila e 1,2,3,4,6-penta-O-galoil-p-D-glocupiranose têm efeitos bactericidas em cepas de *Helicobacter pylori* resistentes aos antibióticos amoxicilina, claritromicina, metronidazol e tetraciclina ' (Yuk *et al.*, 2013) '. Os três glicosídeos monoterpenos (P -genitobiosylpaeoniflorin, pyridylpaeoniflorin, (8R)-piperitone-4en- 9-O-p-D-glucopyranoside) com outros oito compostos: 6'-O- p -glucopyrano sylalbiflorin, paeoniflorin, debenzoyl albiflorin, albiflorin, oxypaeoniflorin, 8-debenzoylpaeoniflorin, 8-debenzoylpaeonidanin e 1 -O- p-D-glucopyrano sylpaeonisuffrone extraído de *P. suffruticosa*, encontrado clinicamente eficaz na desnaturação do DNA induzida por irradiação y e morte celular '(He *et al.*, 2014) '. O glicosídeo monoterpeno Paeoniflorin é ideal para a resposta inflamatória alérgica, enquanto o glicosídeo monoterpeno Paeonon tem propriedades inibitórias do inchaço do tecido na artrite adjuvante '(Edwards *et al.*, 2015)'. O Paeonol, o principal componente fenólico da *Paeonia suffruticosa*, tem notado propriedades terapêuticas do hepatocarcinogénio e propriedades antioxidantes que ajudaram a melhorar o nível de imunidade e propriedades anti diabéticas '(Edwards *et al.*, 2015)'; além disso, tem propriedades antifúngicas e antibacterianas promissoras contra patógenos de plantas como: *Xanthomonas oryzae* pv. *oryzicola, Pseudomonus solanaceum, Phyllosticta mali, Rhizoctonia solani* '(Yuk *et al.*, 2013)' . A mistura de paeoniflorina e ácido gálico, derivada do extrato polar de *P. rockii*, revelou ter propriedades antifúngicas contra *Candida albicans* (Yuk *et al.*, 2013); a taxifolina também foi encontrada a partir desta planta, que tem sido amplamente utilizada na medicina (principalmente na medicina cardiovascular) e nas indústrias alimentar e cosmética. Na medicina tradicional da Mongólia, *Paeonia anomala* é um nome popular pelas suas propriedades etnomedicinais para curar indigestão, dor abdominal, distúrbios renais, inflamação, doenças ginecológicas '(Zhu *et al.,* 2015)'; a extração de *Paeonia anomala* (PAE) e o seu composto ativo gnetin H (derivado de resveratol) obtiveram resultados únicos contra doenças alérgicas . Quatro polifenóis quirais (sufruticosol A, sufruticosol B, trans-e-viniferina e trans-gnetina H) extraídos de *Paeonia lactflora* revelaram-se competentes para inibir a enzima bacteriana neuraminidase, causadora de infecções bacterianas '(Yuk *et al.,* 2013)'. Um novo glicosídeo salicílico "Paeonicluside" foi extraído do táxon endémico *Paeonia* (*P. clusii* ssp. *clusii)* da Grécia '(Edwards *et al.,* 2015)', que melhora a função endotelial dos pacientes que sofrem de doença cardíaca coronária. A deposição contínua da proteína p amiloide (Ap) no cérebro agravou a doença de Alzheimer, que pode ser curada através da interrupção da formação de novas fibrilas (Ap) e da desestabilização das fibrilas (Ap) existentes utilizando "1,2,3,4,6-penta-O-galoil-P-D-glucopiranose", extraída de *Paeonia suffruticosa* '(Edwards *et al.,* 2015)'. As investigações contínuas, quer como medicina tradicional quer como fitoquímica molecular, sobre as suas extracções e as experiências hortícolas da peónia estão em prática desde há mil e quinhentos anos, bem como uma longa viagem histórica de um milénio e meio através de uma atmosfera paleoclimática adversa que inspira a avaliação da sua viabilidade comercial como recurso vegetal ornamental renovável, que necessita de uma documentação bem estabelecida sobre o seu comércio e tarifas e de uma política de conservação adequada, que deve ser elaborada e executada a nível regional e global.

BIBLIOGRAFIA

Ahmedullah M e Nayar M P (1986) *Endemic plants of Indian region (Peninsular India).* Vol. **1**. Botanical Survey of India, Calcutá

Anderson G (1818) A monograph of the genus *Paeonia Trans. Linn.Soc. Londres* **12(1)** 248-283

APG-I (1998) An ordinal classification for the families of flowering plants *Ann. Missouri Bot. Gard.* **85** 531-553

APG-II (2003) Classificação das plantas com flor *Bot. Journ. Lin. Soc.* **141** 399-436

APG-III (2009) Uma atualização da classificação do Angiosperm Phylogeny Group para as ordens e famílias de plantas com flor *Bot. Journ. Lin. Soc.* **161** 105-121

Arnold M L and Hodges S A (1995) Are natural hybrids fit or unfit to their parents? *Trends in Ecol. and Evol.* **10** 61-71

Austerlitz F, Mariette S, Machon N, Gouyon P H e Godelle B (2000) Effects of colonization processes on genetic diversity: Diferenças entre plantas anuais e espécies arbóreas *Genetics* **154** 1309-1324

Bentham G e Hooker J D (1862-1883) *Genera Plantarum ad eemplaria imprimis in herbaris kewensibus servata definite.* Vol **I, II, III**. Reeve and Co., Londres

Bernhardt P, Meier R e Vance N (2013) Ecologia da polinização e função floral da peónia de Brown (*Paeonia brownii*) nas montanhas azuis do nordeste do Oregon *Journ. Pollination Ecol.* **11(2)** 9-20

Besnard G, Khadari B, Navascues M, Fernandez-Mazuecos M, El- Bakkali A, Arrigo N, Baali-Cherif D, Brunini-Bronzini De Caraffa V, Santoni S, Vargas P e Savolainen V (2013) The complex history of olive tree: From lateQuaternary diversificação das linhagens mediterrânicas até à domesticação primária no Levante Setentrional *Proc. Roy. Soc. Bot.* **280(1756)** 2012-2833

Brochmann C, Brysting A K, Alsos G, Borgen L, Grundt H H, Scheen A C e Elven R (2004) Polyploidy in Arctic plants *Biological Journ. Lin. Soc.* **82(4)** 521-536

Camp W H e Hubbard M M (1963) Vascular supply and structure of the ovule and aril in peony and of aril of nutmeg *Ecol. Monogr.* **17** 159- 183

Chapman P G e Wang Y Z (1993) *The plant life of China: Diversity and Distribution.* Springer-Verlag, Heidelberg

Chase M W, Soltis D E, Olmstead R G, Morgan D, Les D H, Mishler B D , Duvall M R, Price R A, Hills H G , Qiu Y L, Kron K A, Rettig J H, Conti E, Palmer J D, Manhart J R, Systma K J, Michaels H J, Kress W J, Karol K G, Clark W D, Hedren M, Gaut B S, Jansen R K, Kim K J, Wimpee C F, Smith J F, Furnier G R, Strauss S H, Xiang Q Y, Plunkett G M, Soltis P S, Swensen S M, Williams S E, Gadek P A, Quinn C J, Eguiarte L E, Goldenberg E, Learn G H, Graham S W, Barrett S C H, Dayanandan S e Albert V A (1993) Phylogenetics of seed plants: uma análise das sequências de nucleótidos do gene plastidial rbcL *Ann. Mo. Bot. Gard.* **80** 528-580

Cowling R M (2001) Endemismo. In: Simond A L (ed) ' Encyclopedia of Biodiversity '

Academic Press Publication, New York **2** 497-507

Cronquist A (1981) *An integrated system of classification of flowering plants*. Columbia

University Press, Nova Iorque

Cullen J e Heywood V H (1964) *Paeonia*. In: Tutin T G, Heywood V H, Burgess N A,

Valentine D H, Walters S M e Webb D A (eds.) ' Flora Europaea ' Cambridge

University Press **1** 243-244

DeCandole A P (1813) *Theorie elementaire de la botanique, ou exposition des de la*

classification naturelle et de l, art de decrier et d'eudier les vegetaux. Vol. **I-VIII,**

Deterville, Paris

Dhar U e Samant S S (1993) Endemic plant diversity in the Indian Himalaya I.

Ranuncnlaceae and Paeoniaceae *Journ. Biogeogr.* **20** 659-668

Eames A J (1961) *Mo rpho logy of angiosperms*. McGraw Hill, Nova Iorque

Edwards A J, Rocha Innes-da-Costa, Williamson E M e Heinrich M (2015)

Phytopharmacy: An evidence based guide to herbal medicinal products. Wiley

Blackwell, Reino Unido

Engler A e Prantl K (1887-1915) *Die naturlichen pflanfamilien*. Wilhelm Engelmann,

Leipzig

Gambrill K W (1988) King of flowers, queen of herbs: the peony
Pacific Hort. **49** 26-32

Gregory W C (1941) Phylogentic and cytological studies in the Ranunculaceae *Trans.*

Phil. Soc. N.S. **31** 443-521

Grierson A J C (1984) *Paeonia* L. In: Grierson A J C and Long D G (eds.) 'Flora of

Bhutan'. Royal Botanic Garden, Edinburgh **1(2)** 321

Gross B L and Olsen K M (2010) Genetic perspectives on crop domestication *Trends in Pl. Sci.* **15** 528-537

Hara H (1979) Paeoniaceae. In: Hara H (ed.) ' Enum. Fl. Pl. Nepal ' British Museum, Londres **2**: 23

He C, Peng B, Dan Y, Peng Y e Xiao P (2014) Taxonomia química de espécies de peónias arbóreas da China com base na impressão digital metabólica do córtex radicular *Phytochem.* **107** 69-79

Hofmeister W (1851) *Vergleichende Untersuchungen der Keimung. Entfaltung und Fruchtbildung hoherer Kryptogamen (Moose, Farm, Equiataceen, Rh izocarpeen und Licopodiaceen) und die Samenbildung der Coniferen.* Fredrich Hofmeister(Editor), Leipzig, Alemanha

Hong D Y (2010) *Peonies of the world: Taxonomy and Phytogeography.* Jardim Botânico Real, Kew e Jardim Botânico do Missouri, St. Louis

Hong D Y (2011) *Peon ies of the world: Polymorph ism and diversity* . Jardim Botânico Real, Kew e Jardim Botânico do Missouri, St. Louis

Hutchinson J (1926) *The families of flowering plants.* vol. **1**: Dicotyledons. Clarendon Press, Londres

Huth E (1892) Monographie der Gattung *Paeonia. Engler's Bot. Jahrb.* **14** 258-276

Kruckeberg A R (1984) *California Serpentines: Flora, Vegetação, Geologia, Solo e Problemas de Gestão* . University of California Press, Berkeley

Kundu S R (2004) *Endemic and threatened plants of India (Series: Thalam iflorae) with reference to econom ic, horticultural and biological potentialities*. Dissertação de doutoramento, Universidade de Calcutá, Departamento de Botânica, Índia

Lopez-Puzol J e Zhao A M (2004) China: Uma flora rica que necessita de conservação urgente. *Oris* **19** 49-89

Lynch R I (1890) A new classification of the genus *Paeonia*. *J. Roy. Hort. Soc.* **12** 428-445

Mclean R C e Cook W R I (1951) *Textbook of Theoretical Botany*. vol. **1** Longmans, Green and Co., Londres

Murgai P (1962) Embryology of *Paeonia* together with a discussion on its systematic position, 215- 223, *In C.S.I.R. Symposium on Plant Embryology*. C.S.I.R., Nova Deli

Nasir Y J (1978) Paeoniaceae In: "Flora of Pakistan". Conselho de Investigação Agrícola do Paquistão, Islamabad, Fascículo **121** 1-3, fig.1

Piry S, Luikart G e Cornuet J M (1999) BOTTLENECK: um programa de computador para detetar reduções recentes no tamanho efetivo da população utilizando dados de frequência alélica. *Journ. of Hered.* **90** 502-503

Potts R e Behrensmeyer A K (1992) Late Cenozoic Terrestrial Ecosystems. In: Behrensmeyer A K, Damuth J D, Dimichile W A, Potts R, Sues H D e Wing S L (eds.) 'Terrestrial ecosystems through time'. University of Chicago Press, Chicago, Il 419-542

Punina E O, Machs E M, Krapivskaya E I, Mordak E V, Makshina Y A e Rodionov A V (2012) Hibridação interespecífica no género *Paeonia* (Paeoniaceae) sítios polimórficos no espaçador transcrito dos genes 45S rRNA como indicadores de híbridos naturais e artificiais de peónia *Russian Journ. Genetics* **48(7)** 684-697

Quan S W, Zhang D e Pan J (2008) Heterozigotia de inversão cromossómica em *Paeonia decomposita* (Paeoniaceae) *Caryologia: Intl. Journ. and Cytol., Cytosystem. and Cytogen.* **61(2)** 128-134

Rau M A (1993) Paeoniaceae. In: Sharma B D, Balakrishnan N P, Rao R R e Sastry A R K (eds.) ' Flora of India ' Botanical Survey of India, Calcutá **1** 148-149

Sang T, Crawford D J e Stuessy T F (1995) Documentação da evolução reticulada das peónias *(Paeonia)* utilizando sequências de espaçamento interno transcrito do ADN ribossómico nuclear - implicações para a biogeografia e a evolução concertada *Proc. Natl. Acad. Sci. USA.* **92** 6813-6817

Stebbins G L (1939) Notes on the systematic relationships of the old world species and of some horticultural forms of the genus *Paeonia Univ. of California publ. in Bot.* **19(7)** 245-266. 13 fig.

Stern F C (1946) *A study of the gen us Paeonia* . Sociedade Real de Horticultura, Londres

Takhtajan A (1969) *Flowering plants: Origin and dispersal.* Oliver e Boyd, Edimburgo

Throne R F e Reveal J E (2007) *An updated classification of Magnoliopsida.* Botanical Garden Press, Nova Iorque

Tiffney B H (1985) Perspectives on the origin of the floristic similarity between eastern Asia and eastern North America *Journ. Arn. Arboretum* **65** 73-94

Tzanoudakis D (1983) Karyotypes of four wild *Paeonia* species from Greece *Nordic J. Bot.* **3** 307-318

Vishnu-Mittre e Sharma B D (1966) Studies of postglacial vegetational history from the Kashmir Valley 1 .Haigam Lake *Palaeobotanist* **15** 185-212

Westengen O, Huaman Z e Heum M (2005) Genetic diversity and geographic pattern in early South American cotton domestication *Theor. and Appl. Genetics* **110** 392-402

Worsdell W C (1908) The affinities of *Paeonia J. Bot.* **46** 114-116

Yakimowski S B e Rieseberg L H (2014) O papel da hibridação homoplóide na evolução: Um século de estudos sintetizando genética e ecologia *Am. J. Bot.* **101(8)** 1247-1258

Yuan J H, Cornille A, Giraud T, Cheng Y F, e Hu H Y (2013) Independent domestications of cultivated tree peonies from different peony species *Molecular Ecology* **23(1)** 82-95

Yuk H J, Ryu H W, Jeong S H, Curtis-Long M J, Kim H J, Wang Y, Song Y H e Park K H (2013) Profiling of neuraminidase polifenóis inibitórios das sementes de *Paeonia lactiflora Food and Chem. Toxicol.* **55** 144

Zhou S L, Zou X H, Zhou Z Q, Liu J, Xu C, Yu J, Wang Q, Zhang D M, Wang X Q, Ge

S, Sang T, Pan K Y e Hong D Y (2014) Múltiplas espécies de peónias arbóreas selvagens deram origem ao Rei das Flores, *Paeonia suffruticosa* Andrews *Proc. Royal Soc. Bot.* **281** (1797) 20141687

Zhu S, Yu X, Wu Y, Shiraishi F, Kawahara N e Komatsu K (2015) Caracterização genética e química da raiz de peónia branca e vermelha derivada de *Paeonia lactiflora J. Nat. Med.* **69(1)** 35-45

Sítios Web:

Electronic Plant Information Centre (2002) http:// epic.kew.org (acedido em 18th dezembro de 2002)

Global Biodiversity Information Facility (2007) http:// www.gbif.org (acedido em 30th de agosto de 2007)

U S National Germplasm System (2011) http:// www.ars- grin.gov/cgi-bin/npgs/html/index.pl (acedido em 30th novembro de 2015)

The International Plant Name Index (2012) http :// www.ipni.org (acedido em 1 de julho de 2012)

A Working List of All Plant Species (2013) http:// www.theplantlist.org (acedido em 1st janeiro de 2013)

IUCN Red List of Threatened Species (2014) http://www.iucnredlist.org (acedido em 6th de novembro de 2014) Encyclopedia of Life (2016) http: // www.eol.org (acedido em 15 de janeiro de 2016) SPECIES-2000 (2016) http :// www.sp2000.org (acedido em 27th de junho de 20 16)

In the pink with the peony; Smithsonian Blog Collection, (2016) http :// si-siris.blogspot.in/2016/07/in-pink-with-peony.html (acedido em 13 de julho de 2016)

Tropicos. Org. Missouri Botanical Garden (2016) http:// www.tropicos.org (acedido em 27th julho de 2016)

Printed by Books on Demand GmbH, Norderstedt / Germany